BEI GRIN MACHT SICH IHR WISSEN BEZAHLT

- Wir veröffentlichen Ihre Hausarbeit, Bachelor- und Masterarbeit

- Ihr eigenes eBook und Buch - weltweit in allen wichtigen Shops

- Verdienen Sie an jedem Verkauf

Jetzt bei www.GRIN.com hochladen und kostenlos publizieren

Decker/ Litke/ Jungklaus/ Reinhardt/ Hodrius

Zahlzerlegungen von Null bis zehn und die mathematische Frühförderung

GRIN Verlag

Bibliografische Information der Deutschen Nationalbibliothek:

Die Deutsche Bibliothek verzeichnet diese Publikation in der Deutschen National-
bibliografie; detaillierte bibliografische Daten sind im Internet über http://dnb.d-
nb.de/ abrufbar.

Impressum:

Copyright © 2002 GRIN Verlag, Open Publishing GmbH
Druck und Bindung: Books on Demand GmbH, Norderstedt Germany
ISBN: 978-3-638-72304-6

Dieses Buch bei GRIN:

http://www.grin.com/de/e-book/10122/zahlzerlegungen-von-null-bis-zehn-und-die-
mathematische-fruehfoerderung

„Zahlzerlegungen bis 10"

Unterrichtsentwurf für die Übung zur schulpraktischen Ausbildung

vorgelegt von:

Yvonne Decker

Felix Litke

Barbara Jungklaus

Nadine Reinhardt

Wintersemester 2001/2002

1. Sachanalyse

Das Thema „Zahlzerlegungen bis 10" lässt sich in den Arbeitsbereich 1 „Grunderfahrungen und Arithmetik" zu Beginn des ersten Schuljahres in den Bildungsplan der Grundschule einordnen. Die Kinder sollen im handelnden Umgang mit Dingen gewisse mathematische Grundvorstellungen entwickeln und zudem soll ihr bewegliches Denken gefördert werden.

Für die Entwicklung des Zahlverständnisses im Unterricht ist es wichtig sich über die verschiedenen Zahlaspekte bewusst zu werden. Man unterscheidet hierbei den Kardinalzahlaspekt (Zahlen beschreiben die Mächtigkeit von Mengen), Ordinalzahlaspekt (Zählzahl und Ordnungszahl), Maßzahlaspekt, Operatoraspekt, Rechenzahlaspekt und schließlich noch den Codierungsaspekt.

Vorallem Kardinalzahl- und der Ordinalzahlaspekt sind für das Verständnis des Teile-Ganzes Konzepts von großer Bedeutung. Dieses Konzept ermöglicht es, Zahlen als Zusammensetzungen aus anderen Zahlen zu sehen (z.b. die Zahl 5 als Zusammensetzung der Zahlen 2 und 3). Das Teile-Ganzes Konzept befasst sich somit mit den Beziehungen zwischen dem Ganzen und seinen Teilen. Um zu diesem Verständnis zu gelangen, bedarf es einer Klassifikationsleistung, dem gedanklichen Zusammenfassen von einzelnen Dingen (Zahlen) zu einem Ganzen (Mengenbildung). Die Beherrschung bzw. das Verständnis des Teile-Ganzes Konzepts soll den Lernenden von zählenden zu nichtzählenden Rechenstrategien hinführen. Somit ist es gleichzeitig wichtige Voraussetzung für das Verstehen effektiver nichtzählender Strategien. Zu diesen gehören:

- Addition und Subtraktion der 0, 1 und 2
- Verdoppeln/Halbieren
- Zehnersummen
- Kraft der Zehn
- Kraft der Fünf

Sowie die Ableitungsstrategien:

- Tauschaufgaben
- Verdoppeln plus 1/Verdoppeln plus 2
- Nachbaraufgaben

Das Teile-Ganzes Konzept beinhaltet auch die Entwicklung des Verständnisses für *Kompensation* (das Ganze ändert sich nicht, wenn ein Ding von einem Teil zu einem anderen Teil bewegt wird) und *Kovarianz* (wenn man einen Teil eines Ganzen um eins vergrößert, vergrößert sich auch das Ganze um eins). Durch die Möglichkeit Zahlen als Zusammensetzungen aus anderen Zahlen zu sehen, erlangen die Lernenden ein Operationsverständnis, welches es ihnen ermöglicht, zwischen der Ebene der konkreten Handlungen, der bildlichen und sprachlichen Darstellung bis zur symbolischen Ebene von Zusammenhängen hin- und her übersetzen zu können.

Auch die *Simultan-Erfassung* (Anzahlerfassung mit einem Blick ohne zu zählen) erleichtert es den Lernenden ein Zahlverständnis zu entwickeln. Ab fünf werden Anzahlen dann quasi-simultan erfasst, d.h. die Zahlen werden in simultan-erfassbare Teilmengen zerlegt.

Die bisher genannten Aspekte stellen Voraussetzungen für den späteren Umgang mit den Grundrechenarten dar. Auf deren Zukunftsbedeutung wird in der didaktischen Analyse noch genauer eingegangen.

2. Didaktische Analyse

Die wahrscheinlich wichtigste Leistung des ersten Schuljahres ist die Anwendung des Teile-Ganzes Konzepts. Die Schüler sollen die Zahlen als Zusammensetzung aus anderen Zahlen verstehen also Zahlen nicht als Symbole, sondern als Mengen, die wiederum aus Teilmengen zusammengesetzt sind, verstehen.

Das Teile-Ganzes Konzept befasst sich mit Beziehungen zwischen dem Ganzen und seinen Teilen. Es hilft den Kindern Vorstellungen von Zahlen (Kardinalzahl- und Ordinalzahlaspekt) zu entwickeln, diese auszubauen, zu systematisieren sowie eigenständige Rechenstrategien zu finden. Die Schüler werden mit Gesetzmäßigkeiten vertraut und lernen diese zu nutzen. Das Teile-Ganzes Konzept ist eine notwendige Voraussetzung für das Verständnis des Addierens und Subtrahierens, und durch das Zerlegen der Zahlen in mehrere Teile auch für die Division und Multiplikation.

Erlangen die Kinder das Verständnis des Teile-Ganzes Konzepts nicht, besteht die Gefahr, dass die Kinder bei zählenden Rechenstrategien hängen bleiben und gewisse Aufgaben, besonders bei der Erweiterung des Zahlenraums, nicht bzw. uneffektiv bewältigen können. Eine Hilfe sich vom zählenden Rechnen zu entfernen besteht in der strukturierten Darstellung von Zahlen.

Wenden Kinder ihre Kenntnisse der Kompensation und Kovarianz beim Teile-Ganzes Konzept selbstverständlich an, so kann man davon ausgehen, dass die Zahlen als Mengen verstanden werden . Dieses Verständnis ist u.a. wichtige Voraussetzung für das Erlernen weiterer Rechenstrategien.

Die Lehrperson führt die Schüler von der eher bildhaften Darstellung über das konkrete Handeln hin zur symbolischen Ebene.

Notwendige Vorkenntnisse, die Schüler vor der Zahlzerlegung automatisiert haben sollten sind u.a. Gegenstände der Umwelt nach Farbe, Form, etc. sortieren und zusammenfassen, Zahlen lesen und schreiben, Zahlen mit verschiedenen Modellen darstellen können(Wendeplättchen, Stechwürfel, Äpfel,...).

Mit Hilfe dieser regelmäßig angeordneten Objekte erlangen die Kinder die Fähigkeit Zahldarstellungen vor dem inneren Auge ohne konkret vorliegendes Material zu sehen und Beziehungen zwischen Gegenständen zu erkennen. Zudem sollten die verschieden Zahlaspekte(Kardinal- und Ordinalzahlaspekt) verstanden sein.

Mögliche Schwierigkeiten beim Thema der Zahlzerlegung könnten darin bestehen, dass die Schüler Zahlen nicht als Menge verstehen. Insbesondere die Null als Menge könnte Schwierigkeiten bereiten. Diese Schwierigkeiten verlangen besondere Fördermaßnahmen, wie z.b. das Veranschaulichen anhand von Mengenmodellen.

Das wohl wichtigste Lernziel der Zahlzerlegung liegt folglich im Verständnis und der Anwendung des Teile-Ganzes Konzepts (ausführliche Erklärung s.o) und dem daraus erfolgenden Erwerb elementarer mathematischer Fähigkeiten.

Weitere, auch im Bildungsplan erwähnte Lernziele sind u.a.:

− Sachverhalte der Umwelt mathematisch erfassen und beschreiben

− Fähigkeiten zur Lösung mathematischer Probleme zu entwickeln

− Einsichten in den Zahlbegriff, in Zahlverknüpfungen und in Zahlbeziehungen zu gewinnen

− eine positive Einstellung zur Mathematik aufzubauen

Besonders in der Grundschule gehen Lernprozesse von Vorkenntnissen und Erfahrungen der Kinder aus. Durch den handelnden Umgang mit Gegenständen aus der Umwelt oder dem Einsatz geeigneter Arbeitsmittel wird bei den Kindern ein Interesse für die Mathematik geweckt (auch im täglichen Leben). Der Mathematikunterricht in der Grundschule sollte den Kindern vielfältige Gelegenheiten zu selbsttätigem und individuell angemessenem Lernen bieten, denn so können die Kinder ganzheitlich gefördert werden bzw. ihre individuellen Fähigkeiten und Stärken entwickeln und ausbauen Ein Ziel des Mathematikunterrichts ist, den Kindern eigene Entscheidungen in Bezug auf Lösungsprozesse zu ermöglichen. Durch zusätzliche Arbeitsaufträge wie Selbstkontrolle lernen Kinder sich selbst zu reflektieren, ihre Fehler zu erkennen und selbst zu berichtigen. Hier fördert Mathematikunterricht zusätzlich Genauigkeit und Sachlichkeit.

3. Methodische Analyse

Vorbereitung:

Vor Unterrichtsbeginn legt die Lehrperson sieben verschiedene Arbeitsmaterialien für eine Lernstrasse zum Thema „Zahlzerlegungen bis 10" auf zwei bereitgestellten Tischen aus. Die Arbeitsform der Lernstrasse bietet sich bei diesem Thema daher an, da sie den Schülern verschiedene Zugangsmöglichkeiten offenbart. Durch das Aufgabenangebot können die Schüler je nach Lerntyp und Lerntempo frei nach ihren Fähigkeiten und Neigungen wählen, welche Aufgaben sie bearbeiten möchten. Zudem ermöglichen die umfangreichen Aufgaben eine intensive Übung und Auseinandersetzung mit der Zusammensetzung von Zahlen aus anderen Zahlen.

Jede der sieben Stationen enthält eine Möglichkeit zur Selbstkontrolle der Schüler, was zu deren Motivationssteigerung und zur eigenständigen bzw. eigenverantwortlichen Arbeit beiträgt. Zusätzlich werden die Arbeitsblätter von der Lehrperson zu Hause korrigiert, so dass eine Ergebnissicherung auf jeden Fall gewährleistet ist und die Lehrperson sich einen Überblick über den individuellen Lernstand der Schüler verschaffen kann.

Durch die vorherige Selbstkontrolle wird besonders schwächeren Schülern die Angst genommen, dem Lehrer falsche Ergebnisse abgeben zu müssen. Zusätzlich zeigt die Lehrperson Interesse an der Arbeit der Schüler. Zur Belohnung werden alle abgegebenen Arbeitsblätter mit einem Stempel versehen, was auch wieder als Ansporn für die Schüler gedacht ist.

Wie bereits oben angeführt wurde, eignet sich die Lernstrasse besonders gut für die Erarbeitung dieses Themas, da sie verschiedene Einstiegsmöglichkeiten bietet. Schwächere Schüler können sich durch gezielte Übungen das zum Thema notwendige Basiswissen aneignen bis garantiert ist, dass sie dieses verinnerlicht und verstanden haben. Für stärkere Schüler stehen zusätzlich verschiedenste Übungsblätter zur Verfügung, die in ihrer Struktur eine Steigerung im Schwierigkeitsgrad beinhalten.

Einstieg:

Zu Beginn der Stunde wird von der Lehrperson ein Haus aus Tonpapier an die Tafel gehängt. Auf dem Dach des Hauses ist die Zahl *sechs* aufgemalt und zusätzlich ist das gesamte Haus aus fünf verschiedenen Stockwerken aufgebaut, die in der Mitte durch einen Strich in zwei Hälften unterteilt sind. Den Schülern wird nun die Geschichte erzählt, dass in jedem Stockwerk eine Familie mit sechs Personen wohnt. Auf der linken Seite ist bereits eine bestimmte Anzahl an Strichmännchen eingezeichnet. Aufgabe der Kinder ist es nun die entsprechende Anzahl an weiteren Strichmännchen einzuzeichnen, so dass die Gesamtpersonenanzahl in jedem Stockwerk sechs beträgt. Mittels dieser Aufgabe soll den Schülern verdeutlicht werden, dass eine Zahl auf mehrere Arten dargestellt und zusammengesetzt werden kann. Um das Prinzip der Tauschaufgaben zu verdeutlichen, haben je zwei Stockwerke dieselbe Farbe. Ein Stockwerk, nämlich das der Aufgabe 3+3, ist farblich nur einmal vorhanden. Pro Aufgabe wird nun ein Schüler an die Tafel gerufen um die entsprechende Anzahl an Strichmännchen zu ergänzen. Er malt diese dann in den zweiten Teil des jeweiligen Stockwerks ein und unterstützt seine Handlung durch eine korrekte Sprechweise. Wenn z.B. im einen Teil bereits fünf Männchen eingezeichnet sind, so malt er in den anderen Teil ein weiteres Männchen und fügt hinzu, dass „fünf Personen und eine Person zusammen sechs Personen" ergeben. Damit wird bei den Schülern einerseits eine korrekte Sprechweise eingeübt und andererseits lernen sie diese anhand von konkreten Handlungen darzustellen. Bei der Darstellung der Übung wurde von der Lehrperson bewusst Wert auf eine alltagsnahe Situation gelegt, da diese für die Schüler leichter nachvollziehbar ist. Zudem wurde auch zunächst eine einfache, bildhafte Einführung gewählt, bevor dann anschließend in der Lernstrasse die schwierigere symbolische Darstellung der Aufgaben hinzukommt.

Nach Beendigung dieser Aufgabe erfolgt ein Hinweis auf die Lernstrasse und die Lehrperson erklärt alle ausgelegten Aufgaben mittels Folien am OHP.

Hauptteil:

Hier ist die Eigenaktivität der Schüler gefragt. Die Lehrperson erklärt, dass sie vorne im Klassenzimmer verschiedene Arbeitsblätter ausgelegt hat, welche die Schüler in selbständiger Arbeit lösen sollen. Sie bittet die Schüler, auf eine angenehme Arbeitsatmosphäre und einen angemessenen Lärmpegel zu achten. Jeder Schüler darf selbst entscheiden welche Aufgaben er bearbeiten möchte, wobei die Lehrperson darauf hinweist, dass der Schwierigkeitsgrad von Aufgabe zu Aufgabe steigt. Zusätzlich liegt bei jeder Aufgabe ein Lösungsblatt aus, anhand dessen die Schüler ihre Ergebnisse selbst kontrollieren können. Trotz der Selbstkontrolle sollen jedoch alle bearbeiteten Arbeitsblätter mit Namen versehen und am Ende bei der Lehrperson zur zusätzlichen Kontrolle abgegeben werden. Damit soll ein gewisses Verantwortungsbewusstsein und eigenständige Arbeit bei den Schülern gefördert werden. Dass die Schüler nicht bei jeder Aufgabe nachfragen müssen, wie diese zu bearbeiten ist, wurde Wert darauf gelegt, dass auf jedem Arbeitblatt eine Beispielaufgabe dabeisteht, durch die mittels Bildern klar werden soll, was zu tun ist. Zusätzlich steht die Aufgabenstellung dabei, wobei diese allein bei Schülern, die noch keine großen Lesefähigkeiten haben, problematisch wäre. Bei anfallenden Fragen steht die Lehrperson natürlich trotzdem als Stütze zur Seite. Allerdings werden die Schüler auch dazu aufgerufen, sich zunächst selbst über die Aufgaben Gedanken zu machen, ehe sie der Lehrperson Hilfe suchen. Auch dies beabsichtigt, das eigenständige Denken der Schüler zu fördern. Nach diesen Hinweisen werden die Schüler in die eigenständige Arbeit entlassen. Um zu großen Andrang und Chaos zu vermeiden sollen die Schüler nicht alle auf einmal an die Lernstrasse gehen, sondern immer nur fünf Schüler gleichzeitig.

Die Stationen sind wie folgt aufgebaut:

Station 1:

Hier liegt ein Arbeitsblatt aus, das nocheinmal an die vorherige Tafelaufgabe anknüpft. Auch hier sind zwei Häuser aufgezeichnet, bei denen wieder die entsprechende Anzahl an Strichmännchen ergänzt werden soll. Diese Aufgabe dient zunächst einmal zur Wiederholung und Vertiefung der Tafelaufgabe. Zudem ist sie einfach gestaltet, so dass sie auch für schwächere Schüler leicht zu bewältigen ist und auch bei ihnen das Gefühl eines Erfolgserlebnisses auslöst. Wie schon vorhin erwähnt, handelt es sich um eine alltagsnahe Aufgabe, die noch nicht allzu großes mathematisches Verständnis erfordert, da auf eine Summentermschreibweise verzichtet wurde und die Schüler lediglich Strichmännchen einzeichnen müssen. Es handelt sich bei dieser Aufgabe also um eine Übungsaufgabe zur bildhaften Darstellung des Teile-Ganzes Konzepts, die deutlich das Prinzip der Tauschaufgaben hervorbringt. Bei den beiden Häusern wurde darauf geachtet, dass bereits genauso viele Sockwerke eingezeichnet wurden, wie es auch Aufgaben dazu gibt.

Station 2:

Auf diesem Arbeitsblatt sind mehrere Zehnerfelder aufgezeichnet und eine bestimmte Anzahl von blauen Wendeplättchen. Über den Feldern steht immer, wie viele Wendeplättchen es insgesamt sein sollen. Aufgabe der Schüler ist es nun, die entsprechende Anzahl an roten Wendeplättchen zu finden, die zur Gesamtanzahl noch fehlt. Neben den Zehnerfeldern sind noch ein blaues und ein rotes Kästchen aufgemalt. In diese sollen die Schüler in Ziffernschreibweise eintragen, aus wie vielen roten und wie vielen blauen Wendeplättchen sich die Gesamtanzahl zusammensetzt. Um die Aufgabe nachvollziehen zu können, liegen an dieser Station zusätzlich Zehnerfelder und Wendeplättchen aus, so dass die Aufgabe von den Schülern zunächst durch konkrete Handlung gelöst wird. Haben die Schüler die Aufgabe selbst dargestellt, sollen sie ihr Ergebnis in die vorgedruckten Zehnerfelder einzeichnen, was die Ebene der bildhaften Darstellung unterstützt, und danach sollen sie in symbolischer Schreibweise die Ziffer in die Kästchen eintragen. Diese Aufgabe ist dafür gedacht, die Schüler dazu zu befähigen, zwischen der Ebene der konkreten Handlungen, der bildhaften Darstellung und der symbolischen Darstellung hin- und herüberzusetzen zu können. Die Wendeplättchen sind einerseits unstrukturiertes, leicht handhabbares Material, und die Zehnerfelder lassen hingegen eine klare Fünfergliederung erkennen, so dass jeweils eine Anzahl von fünf Wendeplättchen von den Schülern simultan erfasst werden kann. Diese Simultanerfassung stellt wiederum eine Erleichterung der Aufgabe für schwächere Schüler dar. Andererseits wird den Schülern die Fünfergliederung aufgezeigt, was auch eine wichtige Voraussetzung für die Entwicklung weiterer Rechenstrategien darstellt. Auch hier soll den Schülern das Teile-Ganzes Konzept verdeutlicht werden, da sie erneut eine Zahl auf mehrerer Arten darstellen sollen. Zudem wird bei dieser Aufgabe die Kombination mehrerer Sinne geschult.

Station 3:

Auf diesem Aufgabenblatt sind zwei verschiedene Steckwürfeltürme aufgemalt. Die Schüler sollen diese Steckwürfeltürme in andere Türme zerlegen, wobei sich die Gesamtsumme der Türme nicht verändern soll. Auch hier handelt es sich wieder um eine Kombination mehrerer Ebenen, da die Schüler selbst Steckwürfeltürme erhalten, anhand derer sie dann verschiedene Zahlzerlegungen ausprobieren können. Nachdem sie eine Lösung gefunden haben, soll diese auf den Aufgabenblättern aufgemalt und der entsprechende Summenterm dazugeschrieben werden. Z.B. wird dann ein Achterturm in einen Fünfer- und einen Dreierturm zerlegt und dann als 5+3 notiert. Auch hier wird wieder das Operationsverständnis, also die Hin- und Herübersetzung zwischen verschiedenen Ebenen geschult. Erstmals kommt die Schreibweise als Summenterm hinzu, die jedoch durch die Steckwürfel als unstrukturiertes Material erleichtert wird. Die Schüler können die Türme einfach an irgendeiner Stelle auseinander nehmen und haben somit schon die Gesamtanzahl in zwei Einheiten zerlegt. Jedoch wird eben durch die Termschreibweise eine Steigerung im Schwierigkeitsgrad erreicht.

Station 4:

An dieser Station liegen Säckchen mit je zehn Bonbons aus. Zusätzlich liegen Arbeitsblätter aus, auf denen eine Tabelle aufgezeichnet ist. Die Schüler haben nun die Aufgabe herauszufinden, auf wie viele Arten sie diese zehn Bonbons untereinander aufteilen können. Bei dieser Aufgabe wurde auch bewusst ein Wechsel in der Sozialform eingeleitet. Die Schüler sollen nun in Partnerarbeit mit den Bonbons hantieren. Auch hier wurde Alltagsmaterial verwendet, da es an den Erfahrungshorizont der Kinder anknüpft. Wenn die Schüler verschiedene Möglichkeiten gefunden haben die Bonbons untereinander aufzuteilen, so sollen sie ihre Ergebnisse mittels Ziffernschreibweise in der Tabelle notieren. In der ersten Spalte der Tabelle werden die Namen der beiden Kinder notiert, die diese Aufgabe gemeinsam gelöst haben.

Diese Art von Aufgabe bietet den Schülern einerseits einen leichten Zugang, da sowohl das vorhandene Material als auch die Aufgabe, nämlich etwas zu teilen, für sie bekannt sind. Hier werden nicht nur mathematische Fähigkeiten sondern auch soziale Fähigkeiten gefördert, da die Schüler erstens in Partnerarbeit agieren und zweitens mit jemandem teilen müssen. Zudem soll wieder bewusst werden, dass es verschiedene Möglichkeiten gibt, eine Zahl zu zerlegen.

Station 5:

Auf einem Blatt sind drei verschieden Kisten aufgezeichnet. Auf einer Kiste steht die Zahl 7, auf einer die Zahl 8 und auf der dritten steht die Zahl 9. Über den Kisten sind verschiedene Aufgabenkärtchen aufgemalt, deren Ergebnis jeweils mittels einer Verbindungslinie einer der Kisten zugeordnet werden soll. Um zu überprüfen, ob die Schüler die Aufgaben auch wirklich berechnen, sind mehrere Aufgaben dabei, die vom Ergebnis her keiner der Kisten zugeordnet werden können. Durch die verschiedenen Kärtchen wird auch wieder anschaulich aufgezeigt, dass mehrere Summenterme derselben Ergebniszahl zugeordnet werden können. Zudem stellt diese Aufgabe eine gute Kopfrechenübung dar. Hier sieht man nun auch eine deutliche Steigerung im Schwierigkeitsgrad, da die Schüler schon eine gewisse Sicherheit im Umgang mit Summentermen aufweisen müssen und auch keinerlei Hilfsmittel zur Verfügung haben. Auf diese Steigerung wurde bewusst Wert gelegt, um auch die stärkeren Schüler zu fördern, da diese sich ansonsten langweilen oder sich unterfordert fühlen,was wiederum eine stärkere Unruhe in der Klasse hervorrufen könnte. Diejenigen Kinder, die sich im Umgang mit den Summentermen noch nicht so sicher fühlen, werden von der Menge an Aufgaben vielleicht eher abgeschreckt sein, was jedoch nicht schlimm ist. Für sie bietet sich dann die Chance die Einstiegsaufgaben noch intensiver zu erarbeiten und zu üben, bis auch sie ein Gefühl von Sicherheit im Umgang mit den Aufgaben verspüren.

Station 6:

Auch an dieser Station geht es wieder um Kopfrechenübungen, allerdings hier in Kombination mit Ausmalaufgaben. Hier sind zwei Gänse aufgemalt, in deren Körperinneren verschiedene Rechenaufgaben stehen. Die Kinder sollen nun die Aufgaben rechnen, und diejenigen Aufgaben mit demselben Ergebnis in derselben Farbe anmalen. Die Ergebniszahl 7 soll rot, die Ergebniszahl 8 blau, die Zahl 9 grün und die Ergebniszahl 10 soll gelb angemalt werden. Die Verwendung ein und derselben Farbe für verschiedene Zahlen zeigt ebenfalls wieder mehrere Möglichkeiten auf, eine Zahl zu zerlegen. Diese Art von Aufgabe trägt zur Förderung der Motorik durch genaue Ausmalarbeiten bei und zusätzlich zeigt sich wieder eine Kombination der Ebene der konkreten Handlung (ausmalen) und der der symbolischen Darstellung (Summentermschreibweise).

Hierbei werden Kreativität und Freude am Malen mit Mathematik verbunden.

Station 7:

Diese Station stellt nun eine Herausforderung für diejenigen Schüler dar, die das Teile-Ganzes Konzept bereits verinnerlicht haben. Hierbei geht es darum, dass die Schüler eine Gesamtanzahl nicht mehr nur in zwei Teile, sondern schon in drei Teile zerlegen sollen. Auf einem Arbeitsblatt sind mehrere Ketten mit verschiedenfarbigen Perlen aufgemalt. Die Schüler sollen in einer Tabelle festhalten, wie viele Kugeln von jeder Farbe vorhanden sind, und dies dann mittels eines Summenterms notieren. Die Kinder müssen hierbei in Farbkategorien einteilen und diese dann mit dem Summenterm kombinieren. Auch bei dieser Aufgabe wird die Denkfähigkeit der schnelleren Schüler wieder gefördert und ihr Wissen erweitert.

Stundenende

Wie schon zu Beginn der Stunde erwähnt, werden die Schüler darum gebeten ihre Arbeitsergebnisse mit Namen zu versehen und diese der Lehrperson abzugeben. Die Lehrperson betont hierbei noch einmal, dass die Schüler keine Angst vor falschen Ergebnissen haben müssen, und lobt sie zusätzlich noch für ihre eigenständige Arbeit.

Wenn einige Kinder Interesse an noch nicht bearbeiteten Arbeitsblättern zeigen, so dürfen sich diese gerne noch weitere Aufgaben mit nach Hause nehmen. Eine Hausaufgabe wird allerdings auf Grund der intensiven Bearbeitung in der Stunde nicht gegeben.

Am Ende bleibt noch zu sagen, dass das Verständnis zum Teile-Ganzes Konzept auch in den weiteren Stunden noch intensiv geübt und geschult werden muss, da es eine der wichtigsten Grundlagen für das mathematische Verständnis bildet.

Stundenthema: Zahlzerlegung bis 10   Klasse: 1   Datum:11.1.2002

Fach: Mathematik   Lehrpersonen:

Zeit	U-Phase/Unterrichtsschritte	Sozialform/Medien	Bemerkung/Ziele
5 min	Vorbereitung	Arbeitsblättern Folien, OHP Tafel	- die Lehrperson legt Material für eine Lerntheke auseinander - zusätzlich wird der OHP bereitgestellt und die spätere Tafelaufgabe an die Tafel gehängt
10 min	Einstieg/Einführung ins Thema „Zahlzerlegung bis 10" mittels einer Tafelaufgabe	gezielter Lehrerimpuls bzw. Lehrerfrage im Frontalunterricht Erarbeitungsphase durch Schüler an der Tafel Haus aus Tonpapier an der Tafel	- einzelne Schüler werden an die Tafel gebeten/Einbezug der Schüler in das Unterrichtsgeschehen und Förderung der Schüleraktivität - Hinführung bzw. Vorbereitung auf spätere Aufgaben
40 min (evtl. in die nächste Stunde übergehend, je nach Konzentration und Motivation der Schüler)	Hauptteil/Erläuterung der Lerntheke mit kurzer Erklärung der einzelnen Stationen eigenständige Schülerarbeit in der Lerntheke	Frontalunterricht durch kurze Erklärungen der Lehrperson anhand von Folien Lerntheke, Bearbeitung in Einzel- bzw. Partnerarbeit Folien, OHP Arbeitsblätter mit Kontrollblättern Steckwürfeltürme, Zehnerfelder und Wendeplättchen, Bonbons	- die Lehrperson erklärt anhand von Folien, was die Schüler an den einzelnen Stationen zu tun haben - danach werden die Schüler um eigenständige Arbeit gebeten - zur Ergebnissicherung werden die Arbeitsblätter am Ende der Stunde von der Lehrperson eingesammelt, wobei sie zur Motivationssteigerung zuvor schon von den Schülern selbst kontrolliert wurden - jeder der Schüler sollte innerhalb der Stunde mind. 4 Blätter bearbeitet haben (mit Vorbehalt, dass sehr schwache Schüler noch weitere Aufgaben im Laufe der nächsten Stunden mit Hilfe der Lehrperson bearbeiten